爱上人造花
应用宝典

[日] 中川窗加　著

王立波　译

华中科技大学出版社
http://www.hustp.com
中国·武汉

颜色、形态不一的各种人造花，

即便不做任何的修饰也很漂亮，

如果稍作加工，

就会变为十分出色的各种杂货和装饰。

修剪、粘贴、缠扎、插入……

只要掌握基本的方法，

就会制作出自己喜欢的作品。

您想用人造花做出什么好东西呢？

前言

人造花作为装饰品，
是不是常常被人说：
"我以为是鲜花呢！"

装饰好的鲜花，
是不是又常常被人说：
"真的像人造花那样漂亮呢！"
我们是否感觉到高品质的人造花
离我们的生活越来越近呢？

最近，杂货、配饰类产品里
搭配人造花的频率也越来越高了。

当然，我们可以将人造花当作鲜花一样使用，
也可以将人造花用作制作小饰品和纽扣的素材。

我们确信，
人造花是拥有与鲜花不同魅力的好东西。

通过此书，大家若能够体会到人造花的各种魅力，
我将感到非常荣幸。

目录

如此的丰富！

人造花的种类

人造花容易打理又能长久地保持美丽，因而被广泛用作室内装饰、赠礼礼品、婚礼饰品等。随着人们对人造花需求的增长，不只是人造花的品质得到提高，其种类也更加丰富多彩，真是可以说"没有你找不到的产品"。在此给大家介绍一下不同色彩、形状、质感的人造花。一枝花作装饰也行，数枝花组合在一起装饰也可以，让我们多多开动大脑制作出自己独有的创意作品吧！

花枝

制作人造花时被用得最多的是花枝。鲜花的大小和形状不用说，从鲜艳的颜色到淡雅的颜色，又或是只有人造花才有的颜色，其色彩真是丰富啊！茎中如果含有金属丝，就能自由地弯曲成形。

一根茎上带一枝花的花形。图片所示是玫瑰花。

如同大丁草一样的花瓣从中心向外侧展开的花形。

一根带叶片的茎上带一朵花的花形。花朵大而艳丽，即便插上一枝也是十分引人注目的。

一根茎上伸出多个枝头，枝头上带有多个花朵的枝状花形。因为其从花蕾到半开、全开的形态都有，所以如同鲜花那样自然。

像绣球花那样的由很多小花组合而成的花。其不是主花，而是用作填充空间的材料，因此不是必须要选用的花材。

事先已经组合好的由数种花组合在一起的花束。不需要为使用什么样的形状和颜色的花进行组配而烦恼，对于初学人士很方便，不加修饰地就这么装饰好就很好看呐！

茎中有金属丝的花使用便利，像图中这样把数枝扎成一束出售很常见。

现代风格的形状和颜色，没有光泽，有狂热的感觉。

彰显热带氛围的仙鹤来，具有光泽，形状独特。

有很多小花的紫花风信子，可以作果实型花枝使用。

天鹅绒素材的人造花，在花瓣上还附带有用金属线等进行加工的装饰品，这是鲜花不存在的而只有人造花才有的特征，这是一种全新的搭配。

叶子状花材

与花枝同样，叶子状花材在形状、质感方面也是种类繁多的。即便是同样的品种，颜色也是多姿多彩。叶子状花材有多种应用方式，如有剩余，不要随意丢弃，留下会有用处。

大片的叶子状花材能显示其存在感。大片叶子状花材有很多种类的单色产品和渐变色产品。

一枝茎上有多片叶子的类型，在制作小东西时，可以使用这样的花材。

蔓藤状的花材，挂在壁面或家具上就很出彩。大面积使用时，看起来有很茂盛的感觉，是使用非常方便的产品，也适用于制作花冠。

很柔和的银灰色系的绿叶。肉厚而有毛绒绒的质感是其引人注目之处。

即便是单品装饰也很显眼的观叶植物，是制作大的作品时的好材料。

果实型花材

如果使用果梅、葡萄等仿浆果类花材，就能使人造花的装饰效果更加丰富多样。不只是花和叶，如果添上这些果实型产品，就会增加自然和可爱的感觉，可以作为搭配花枝、叶的辅助花材使用。

多肉植物

多肉植物在鲜花行业的人气很高，在人造花行业也是种类齐全的。

Chapter 1

人造花的基本的"感觉"

容易打理又不需要浇水是人造花的最大特征。

因为不用担心花会枯萎，所以可以不考虑时间而进行自由的创造，这也是其独有的魅力吧！谁都可以简易地使用，

但在真正进行作品创作时，该从哪里下手呢？在此，给大家介绍作品创作的要点。

知晓构造和特性

各部分各自分开的构造

大部分的人造花的花、叶、茎或者花、茎是分开的,各部分都可以简单地独立拆开,如果不能拆开,也可以用剪刀剪开使用。

同样的花型不同的制作

右图中的花看似是同样的种类,但是,左边两朵和右边两朵的构造是不同的。左边两朵的花中心有蕊,右边两朵的花中心没有蕊。有蕊的类型在制作时,蕊和花萼取下后,只剩下花瓣的情况比较多,这样的花瓣容易散落,因此蕊对花瓣是起固定作用的。没有蕊的类型制作简单。(加工方法参见第38页。)

有花蕊的类型

无花蕊的类型

越了解越觉得有魅力
人造花的特性

✳ 因为结实耐用，所以不用担心搬动或者触摸会损坏人造花。

✳ 因为不必追求其一定拥有鲜花的姿态，所以在很多地方都可以搭配使用。

✳ 不需要水养。

✳ 可以粘接，制作简单。

✳ 因为不会凋谢，所以既方便设计修改，又可长期观赏。

✳ 因为轻便，既可用于小饰品制作，也可用于大型的墙面装饰。

✳ 不怕水泡，无需基底，可以使用纸张等材料。

✳ 纤细的花材也不需要考虑保水性，可以与很多花材搭配使用。

✳ 可以反复使用（用于粘贴在基座上时除外）。

因为人造花有以上的特性，因此搭配、设计和使用简便。

考量用途和设计

制作作品的过程大致分为以下几步：

1. 决定使用的场合和用途。
2. 根据使用场合和用途考虑设计方案（需要考虑作品的形状、大小和整体的氛围等）。
3. 选择花材。
4. 选择制作作品所需的工具。
5. 制作。

每个人的习惯不同，有人先有设计思路再决定作品的用途，但是对于初学者来说，建议先明确作品的使用场合和用途，这样能更好地完成作品。

人造花的使用主要分为以下三类。当然，每一个类别的使用也有不同之处。

● 作为鲜花的代替品
　　→可以原样使用花、茎、叶

● 与保鲜花组合使用，制作成迷你作品
　　→最好有花头和插入的茎

● 杂货等
　　→最好有花头

决定使用场景和用途后，再考虑与此相符的大小、形状、氛围、颜色等。在此建议大家参考具体的有关花材和花材制作作品的期刊、图书，这样制作起来就更容易确定作品的具体形象。此外，如果事先使用记事本进行简单作品描绘（画草图），就可以更直观地看到完成的效果，有助于花材和作品基底的选择。

实际案例

使用场景 • 杂货
....
用途：礼物
....
大小：可以拿在手上的紧凑型花束
....
形状：立体状（配饰等）
....
氛围：可爱的、时尚流行的感觉
....
颜色：浅驼色

选择花材的诀窍

确定了作品的设计和轮廓后，就要选择花材了。从众多花材中进行选择是很有趣的，但也容易迷茫。色系、色彩搭配方式和材质都影响整体的氛围，重要的是要选择吻合作品形象和氛围的花材。

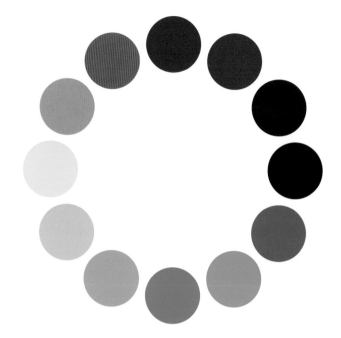

颜色

参考右图的色系图
同类色——同类色里有深色至浅色
邻近色——色系图里相邻的颜色
对比色——对比性颜色

例：●●●○ ●●●

同类色搭配

将同一色系中不同深浅的颜色进行组合，会给人留下深刻的印象，初学者也很容易使用，缺点是颜色有些单调。

例：●●× ●●×●

例：● × ○

对比色搭配

在色系环里是正反颜色。例如与紫色相反的黄色。色系差很大时，可以相互增彩，整体给人张扬和韵律感。

邻近色搭配

图中的作品是将黄色与绿色、粉色和紫色搭配。邻近色的搭配使颜色容易有和谐感，给人稳重的印象，也具有整体感。

选择材质

即使是同样种类的花材，其材质也有布、化纤、绒毛等之分。如果使用不同材质的花材，便会感到较难搭配，此时最好使用同色系的花材，这样就比较协调和稳重。

如果使用特殊的材质，最好是所有的花材都使用同样的材质，便于风格统一。因为有的人造花是自然界没有的，如果与逼真的其他素材进行搭配会有不协调的感觉。当然也可以根据个人喜好搭配，只不过这样的搭配容易出错。

其他搭配

有特殊设计时，例如有花边装饰或在花瓣周围有装饰等，最好使用特殊的材料。

用淡雅色彩搭配，就会有一种明亮而可爱的感觉。

用深颜色就会有一种厚重的感觉。

用小花和藤蔓进行搭配，很有自然的味道。

使用玫瑰花和大丁草等花形稳定、色彩艳丽的花材，会产生很强的装饰性。

❋ 选择花材时感到困惑怎么办？

推荐大家使用花店成扎出售的花束。同种花形的组合只是改变一下搭配方式就会改变整体形象。如果自己多动手设计，慢慢地就会有新的设计思路出现。这样使用现成的花材，不用担心花材的损耗，十分便利。

重新整理

重新整理

有这些就 OK 啦！

必要的工具

在制作人造花前，我们首先需要备齐必要的工具。这基本上与鲜花和干花插花使用的工具相同，但是也有人造花专用的的剪刀和泡沫花插，这些需要区分开。

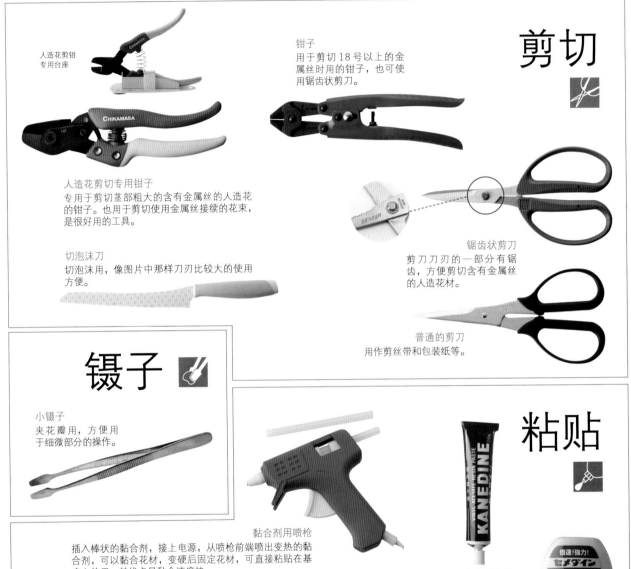

剪切

人造花剪钳
专用台座

钳子
用于剪切 18 号以上的金属丝时用的钳子，也可使用锯齿状剪刀。

人造花剪切专用钳子
专用于剪切茎部粗大的含有金属丝的人造花的钳子。也用于剪切使用金属丝接续的花束，是很好用的工具。

切泡沫刀
切泡沫用，像图片中那样刀刃比较大的使用方便。

锯齿状剪刀
剪刀刀刃的一部分有锯齿，方便剪切含有金属丝的人造花材。

普通的剪刀
用作剪丝带和包装纸等。

镊子

小镊子
夹花瓣用，方便用于细微部分的操作。

粘贴

黏合剂用喷枪
插入棒状的黏合剂，接上电源，从喷枪前端喷出变热的黏合剂，可以黏合花材，变硬后固定花材，可直接粘贴在基座上使用。其优点是黏合速度快。

金属用黏胶
用于制作配饰及杂货时固定金属。

橡胶状黏合剂
取必要的量在指尖处揉合使用。在制作大的作品时，可以牢固黏合泡沫和器具，与螺丝钉（图中左下方）一起使用较多。

双面胶带
简单的强化黏合或在拆开花材再次利用时使用。黏合剂和木工用黏胶黏合性很强，一旦黏合很难再拆开。

插花用黏合剂
与木工用黏胶相比黏合速度快，即便干燥后也有不透明和不变硬的特性，所以适合用在透明的花边、丝带和花瓣等柔软的地方。

木工用黏胶
在泡沫花上插上花材时，为使花材不能被轻易拔出，需用其固定泡沫花插和器具。

插入

干花用

干花用（硬质型）

鲜花用

泡沫花插

泡沫花插是作品的基座。有干花专用和鲜花专用 2 个种类。使用人造花时，也可以用鲜花专用的泡沫花插代替，但是因为需要长时间保持形状，建议使用干花专用的泡沫花插。高密度树脂的硬质型泡沫花插，因为有不容易变形的优点，所以很适合用于人造花的作品创作。此外，对于大型的有重量感的花材，例如多肉植物，使用硬质型的泡沫花插可以对花材的茎部起到良好的固定作用。可以根据容器的大小，用花插切刀或其他切刀切割泡沫花插。形状和颜色丰富，有制作花束时常常使用的球形泡沫花插、花环用泡沫花插、硬质型泡沫花插等诸多种类。

彩色泡沫花插种类也很多。像图片中所示的那样，把彩色泡沫花插放在透明的花器里，这也是十分可爱的装饰。使用一种颜色或多种颜色进行搭配都可以。彩色泡沫花插有不易变色的优点。

缠绕和捆扎

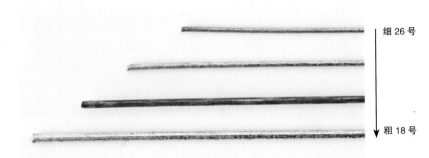

金属丝分为两大类

金属丝
人造花的制作与鲜花同样需要使用金属丝。金属丝有型号之分，型号数越小金属丝越粗，型号数越大金属丝越细。可根据花材的重量和用途选择不同型号的金属丝。

细 26 号

粗 18 号

缠纸的金属丝
将裸金属丝缠上薄薄的彩纸。有绿色、茶色、白色等颜色，可根据用途选择不显眼的颜色。

裸金属丝
只将金属丝（铁丝）镀金，可用于作品看不到的地方，或者缠上插花用的缠绕胶带也可以。

插花用的缠绕胶带
用于隐藏金属丝或者防止滑落用的胶带。因为有各种颜色，可根据用途和使用的部位选择协调的颜色，与茎和叶同色的绿色使用较多，需要常备，以便使用。

Chapter 2

需要掌握的基本技能

掌握了人造花基本的"感觉"后，就要学习基本的技能了。
有的技巧与鲜花相同，有的技巧是人造花独有的。
掌握好这些技能后，就可以创作出多种作品了。

剪切 ✂

与鲜花不同，人造花的茎部大多含有金属丝，
如果剪切到位，作品制作就会顺畅。

茎的横断面

一般来说，粗茎里面的金属丝较粗，或者含有多根金属丝。普通粗细的茎如同图片中最右侧所示，大多只含一根金属丝。

使用刀刃部剪切

如果是细的茎，不好的习惯是使用剪刀的头部剪切，如果经常使用剪刀头部剪切，很容易损伤剪刀的刀刃。所以剪切时使用剪刀刀刃的根部是使用剪刀的要点。如果使用锯齿状剪刀，把茎放在有锯齿的部位剪切会很省力。

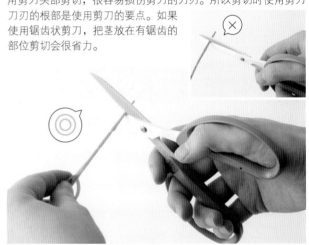

✳省力的剪切技巧
（一根金属丝）

1

用剪刀沿着茎的外侧材料剪一圈后，再轻轻地剪断金属丝。

2

这是剪一圈后的样子，这样就分成了两部分。

3

向箭头所指的方向折返几次，如果折返困难，再用剪刀剪切。

4

折返几次后，金属丝就容易剪断了。

分类使用工具，提高效率！

剪切粗茎时，虽然使用金属丝专用剪刀进行多次折返后也可以达到剪切的目的，但是如果使用像图中那样的人造花专用剪的话，就会大大提高工作效率。因为人造花专用剪的开口大，剪切粗茎也可以收到一刀即断的使用效果，而且手也不容易疲劳，建议大家使用。

粘贴

即便是简单的粘贴也能创造出很好的作品，这是人造花的独特魅力。
在粘贴技巧上好好下功夫，会使完成的作品更加美丽。

想象完成后的作品形态再决定粘贴角度

可根据作品需求，改变花材的粘贴角度。例如，装饰相框时，因为一般视线是斜着往上看，所以把花材斜着往上贴，看上去会更漂亮。挂在墙上的墙饰作品，粘贴时要注意从下面看也很美。

要充分地使用黏合剂黏合

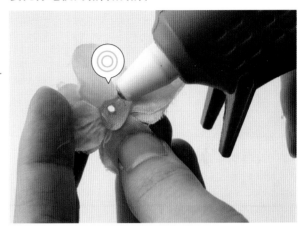

花材与底座接触面要充分使用黏合剂进行黏合。特别是小饰品和杂货在使用时容易掉落，要注意黏合牢固。

像这样黏合剂使用太少，很容易分离。

立体感强的诀窍

只是把花材贴在基座上就成了一个平面，如果把花材重叠黏合就会产生立体感。在花材接触面使用黏合剂，作品就有了高度。

隐藏内侧

如果能看到花材的内侧，就用小花或叶子粘贴隐藏，使视觉所达之处都很漂亮。

需要掌握的基本技能

拆分后的粘贴
小小的创意

把花瓣一瓣一瓣分开，将不同的花瓣进行搭配粘贴，就会创作出自己独有的作品。有的花瓣容易拆开，有的花瓣粘贴牢固不能轻易拆开，如果强行用力拆开，就会损坏花瓣。此时就要发挥喷雾型胶带分离剂的作用了，把它喷在有黏合剂的地方，花瓣就能轻松地拆下了。

只是在粘接部分喷一些分离剂，花瓣就会很容易揭开。

制作属于自己的独创作品

选择好花瓣，用金属丝穿好花瓣并进行固定。为使花瓣不容易拔出，把金属丝的前端进行弯曲，或用别针进行固定。固定后，从内侧用热型黏合剂固定，或用花材专用缠绕胶带缠好，固定工作就完成了。将颜色和形状不同的花瓣进行搭配，创作出自己的独特作品，真是件快乐的事情呢！

使作品有蓬松感觉的
黏合剂的使用方法

花看起来有蓬松的感觉是非常重要的，注意在使用黏合剂时不要破坏这种蓬松感。上图是折叠人造绣球花的花瓣后用黏合剂固定后的样子，左边是蓬松的，右边是垮塌板结的。为使作品完成后有蓬松的效果，注意要在根部使用黏合剂，而不要在花瓣部使用。

1

准备好要使用黏合剂的花。图中所示的是绣球花。

2

在中间使用黏合剂（图1中画圆圈部分）。如果黏合剂用于花瓣的外侧部分，就会把花瓣全部粘上，而不会有蓬蓬松松的形态。

3

使用黏合剂后马上折叠。如果使用热型的黏合剂，因为温度高，所以建议使用镊子操作。

插入

创作作品时需要使用泡沫花插，
在此介绍泡沫花插的使用方法和技巧。

干花用泡沫花插　　　　鲜花用泡沫花插

小型花材或者小型作品可以使用鲜花用泡沫花插，制作有重量感的花材或大型作品时，如果使用鲜花用泡沫花插，就会因其不容易固定而使作品达不到理想的形状。特别是在搬运作品时，容易使插入部位的孔变大而使作品变形，因此进行大型作品创作时，建议使用干花专用泡沫花插。

泡沫花插的分类使用

干花用　　　　鲜花用

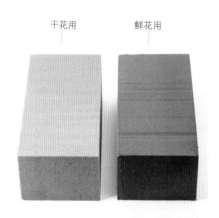

在第一章里介绍过，泡沫花插有很多种类。如果是小型作品或使用纤弱状花材时，就可以使用鲜花用泡沫花插。因为鲜花用泡沫花插比人造花专用泡沫花插软，所以使用鲜花用泡沫花插更能得心应手。

用黏合剂固定

把花插入泡沫花插时，在茎的末端使用黏合剂就不容易拔出。对于需要搬运的花束，这是必须掌握的技巧。

Point

比较短的花材或者是比较轻的花材，插入泡沫花插里 2cm 左右就可以了。如果是比较重的花材或者是比较长的花材、弯曲的花材，则需要插入到一定的深度使其稳定。

既节约又漂亮
泡沫花插的使用方法

泡沫花插的使用看起来很简单，实际操作时却有一定的难度。要么是切得过多，要么是切好后装不进容器。那么有什么既节约又省事的操作技巧吗？

泡沫花插的使用主要分以下四个类型

①低于容器的边缘。为了隐藏泡沫花插，可在泡沫花插上放上苔藓或小石子遮挡。②高于容器的边缘。适合用于下垂型的作品或者是比较大型的作品，只要插花方便，并不一定要求泡沫花插与花器的大小和形状完全吻合。③高于容器的边缘。根据容器的大小和形状进行整理成形。④与容器同样的高度和宽度。适合用于平面设计的作品。

根据容器的形状切割泡沫花插

【样式1】
四角形容器

1

把容器和泡沫花插摆在一起对比，把泡沫花插切成如同容器形状和大小的四角形。

2

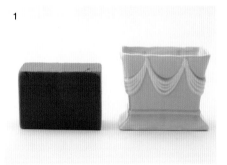

例如像图中显示的那样，切成底部窄上面宽的形状，切削两边，使之成"台"字形。切削时不要考虑太多，简单地调整好四个面就可以了。

3

4

切削成能放到容器里的大小后，根据用途决定露出容器一面的形状。与容器的大小形状吻合后，接触容器的地方要用黏合剂固定好。

圆形容器

1

轻压泡沫花插，在上面留下压痕。

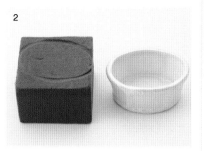

2

沿压痕切削泡沫花插。

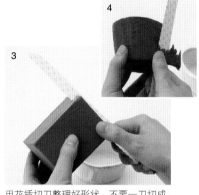

3

4

用花插切刀整理好形状，不要一刀切成，最初要根据压痕留出一些富余，最后再微调就不容易失败了。像削苹果皮一样用力是切削的要点。

5

整理好形状后，放进容器看看是否吻合，如果不吻合，再做调整。

6

7

8

与容器的大小和形状吻合后，接触容器的地方用黏合剂固定好。

9

把泡沫花插放在容器里，根据用途决定泡沫花插的高度。

10

如果想让其高出容器的边缘，就这样切削泡沫花插的表面。

11

12

如果想让其与容器边缘的高度一致，就根据边缘的高度进行切削。

13

14

切好后，如图中所示，切去容器边缘部分，这样做后来的步骤就容易操作了。如果不这样做，此后的操作很难遮掩泡沫花插。

捆扎

花材的捆扎方法基本上分螺旋式和平行式两种。
把茎平行地捆扎好是平行式。插入花瓶口较小的小花瓶时，平行式使用方便。
螺旋式就是把茎向一定方向捆扎成螺旋状。使用这个技巧捆扎可以使花束成为圆球状的大型花
束。比起平行式的捆扎方法，螺旋式的比较复杂，如果技法娴熟，作品创作的思路就会变得很宽。
在此介绍螺旋式的捆扎方法。

螺旋式　　　　　　　　　　　　　　　平行式

螺旋式捆扎的花材搭配

1

选择好放在花束正中间的花材，习惯使用右手者，用左手持花。

2

像图中那样，把第 2 枝花从左上往右下放置（茎末端朝右下）。

3

放上第 3 枝花，往一个方向扭转是此步的要点。茎重叠的部分用食指拿稳，用拇指轻轻地压住，余下的手指留住间隙插入茎里，这样就比较容易往下操作了。

4

以手持部分作为支点，把花一枝一枝地放好。

5

最终看看整体的形态，把花束调整成圆形。

6

如果在大花之间放上绣球花等小型的花材或绿叶等进行填充，就不会有花材粘在一起的感觉了。

7

如果是容易滑落的花材，搭配完成后，可使用金属丝(或者橡皮筋)固定。剪去长的茎，调整好茎的长度，为隐藏的金属丝系上绸带或扭结，这样就完成了。

注意：如果金属丝没有从根部扭转就容易使花束变形。

如果在固定位置(支点)缠上金属丝，即便使用绸带或扭结遮挡，也应尽量使用与茎同色的金属丝。

✳ 捆扎时的要点

为使花束不易变形，进行良好的固定很重要。如果使用金属丝，要从根部扭转固定。但是如果扭转过度，金属丝容易扭断，一般来说扭转2~3次比较合适。

一个小技巧

为了防止余下的金属丝带来的危险，应该使其沿茎笔直垂下，或只是留下固定的部分，剪掉余下的部分。根据用途决定吧！

为避免沿茎部分坑注不平而带来安全隐患，要用胶带缠好。

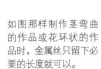

如图那样制作茎弯曲的作品或花环状的作品时，金属丝只留下必要的长度就可以。

把交叉于左右的金属丝缠绕好，扭转2~3次就固定好了。不要用花而要用手来扭转金属丝。

没有好好固定的话，花束就分散了。

花材捆扎好后，用金属丝绕一圈，注意手要往左右两边边转边拉。

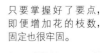

只要掌握好了要点，即便增加花的枝数，固定也很牢固。

接线

金属丝不只是能捆扎花束，也能作为花茎使用。在此给大家介绍做花茎的技巧。

人造花的茎几乎都含有金属丝，不加工使用也可以。但是有时金属丝太硬，不能使其弯曲到理想的程度，或者弯曲后不能很好地复原。可根据用途，把花和叶接上金属丝，这就会拓宽创作的思路。

茎上有分枝的接法

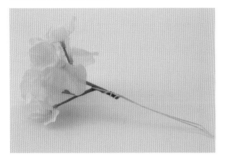

像绣球花类的小花和茎的分枝很细的花材较多，给这类花材接线时，可在分枝部位使用金属丝缠绕。

只有花头的接法

在茎和花萼部开孔，从孔中穿过金属丝后折成2节，这样金属丝就不会轻易被拉出来了。这样做法适合于制作花环或花冠。

一片叶子的接法

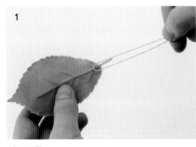

技巧①

把金属丝弯曲成U形，把一端的金属丝和另一端的金属丝牢固并扭转在一起。

如果金属丝很难穿过叶子，斜着剪断金属丝，使前面变得尖锐，这就容易操作了。

技巧②

把金属丝穿过叶子，在叶子的根部缠绕金属丝。

※ 还有这样的技巧呦!

用金属丝穿过有孔的珠子，使其成为一个独特的插针。制作花蕊时就可以使用此技巧。

制作杂货进行粘贴时，要处理好内侧，使之成为平面。插针从花的中心部位插入，剪短金属丝，沿花折好。从上面涂上热型黏合剂，固定好后就完成了。

※ 接法的基准

手持金属丝往左右两边摆动。如果金属丝很快就弯曲，那就是说对于花材来说金属丝过细；如果摆动后不弯曲，则金属丝的粗细适当。

缠绕

茎接好的部分使用花材缠绕胶带缠好。
花材缠绕胶带的颜色很多，应根据花材选用。

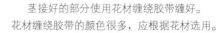

1

2
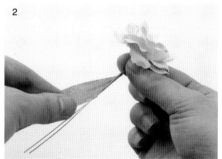

1. 在金属丝的根部用胶带缠绕。

2. 就像用薄纸搓纸绳一样，一边转动金属丝一边绕下去，因为拉住花材缠绕胶带后内侧的胶的黏度会增加，所以要注意边拉边缠。

3. 缠完后的样子，看起来茎部很自然。

3

Column
人造花的使用与保存方法

为了使人造花更加耐用，使其美丽的姿态能维持更长时间，在此我们介绍几个使用和保存的方法。首先，因为人造花容易变色，所以要避免把人造花放在阳光直射的地方。其次，湿度大的地方也尽量不要放置人造花。就像服装一样，如果放在湿度大的地方容易产生异味，有的材料还会黏在一块。最后还要注意防虫。

把胸针、胸花等小的作品放在薄纱制的小袋子里很方便，除了保护饰品以外，还能防止尘土，以及清楚地看到里面装的物品，即使作为礼物送人也很不错。像花束和小装饰品，放在透明的盒子里保存也可以。

一些不用的花材和作品，放在储存箱里时需要放些干燥剂进行保存。

只是稍稍地留意其使用和保存方法，就会增加人造花的观赏时间呦！

Point

Chapter 3

愉快地制作吧！
作品的构思

掌握了基本的制作技巧后，我们就动手制作自己想象中的作品吧！
精致的作品和大型的作品的基本制作技巧是相通的。
让我们灵活应用制作技巧，展开创意的思路吧！

简单可爱的小杂货

用包扣制作的
大丁草胸饰

爱上人造花

✳ **所需材料**
a. 小布片
b. 制作包扣的成套工具
c. 人造花大丁草
d. 制作包扣的材料
e. 胸饰用的金属别针
※ 包扣制作的成套工具可在杂货店购买。

✳ **制作方法**

1 拔下大丁草的花蕊，拔出外侧的硬芯。

2 为防止花瓣分散，用订书机固定。

3 制作包扣。包扣的制作方法请参考制作工具里的说明书。

4 在扣子内侧的边缘粘上热型黏合剂，粘贴好花蕊。

5 将金属别针穿过扣子伸出的部分，像照片那样露出内侧。

6 用黏合剂粘好金属别针。

完成！

改变花瓣和包扣的搭配，就可创作出
很多不同的小作品。可以用单瓣花和
多瓣花重叠，或者将各种花瓣进行搭
配，都很出彩。

多种使用方法
贴上珠宝的奢华

* 制作方法

1

拔出花的花蕊和花萼后，使用螺母线固定，螺母线前端粘好小球后从上面穿过。

2

内侧的螺母线剪成适当的长度，沿花折曲，这样花瓣就不会散开。

完成!

3

在花蕊部粘贴好喜欢的珠宝就完成了。

Point

* 花的固定方法

前面介绍的是使用螺母线固定花瓣，还有其他的固定方法。图中所示左起：一瓣一瓣地用黏合剂粘贴，用订书机固定，内侧用毛毡做垫布缝制。使用订书机固定很省事。但是如果作品大、材料多不容易固定时，建议使用其他方法。可根据花型和用途选择固定方法。

有珠宝的花朵
是如此出彩

在小小的瓶盖上，缠上一圈
薄纱型的绸带，贴上花朵，
就成了优雅的小饰品。

在背包吊坠的底座上，装饰
上薄纱型的绸带、人造花、
小饰品。吊坠晃动时，粘贴
于花蕊部的人造宝石闪闪发
光，非常可爱。

在花的中心部位粘贴好珠宝，
在花的里侧装饰两片绸带，就
变成了传统风格的花饰。装上
胸针或别针，瞬间又变成一件
很好的小饰物。

普通的办公用胶带座装饰上花
和绸带十分漂亮。

在成组相框的不同的地方随意
装饰上有珠宝的花朵就创作出
很前卫的作品，绚丽多彩的同
时，那种亮晶晶的感觉是不是
非常可爱呢？

木夹子的表面粘上绸带和花
朵，就成了独特的木夹子。只
是粘贴一下，这样简单的创意
谁都可以完成吧！

小杂货上粘上数朵花后大变身！

完美的小礼物！
时尚而迷人的
小盒子

✳ **所需材料**
a. 白色圆形的礼品盒
人造花（b. 绣球花
c. 浆果花材　d. 玫瑰花
e. 菊花　f. 毛莨花）
g. 含金属丝的绸带
h. 绸带

✳ **制作方法**

`1`

把含有金属丝的绸带剪成约 45cm 的长度（大约绕盒子一圈半的长度），拔出绸带外侧的金属丝。

`2`

拉住绸带内侧的金属丝使之成为圆圈。注意要同时拉住圈的内侧的金属丝的两端，如果只是拉住一端就容易拔出金属丝，导致失败。

`3`

将绸带放在盒子的盖子上试试大小，微微调整其形状和大小。

`4`
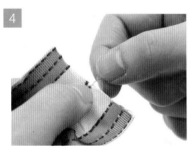
调整好形状和大小后，拧好内侧的金属丝固定。

`5`

用黏合剂粘好两端，这样绸带圈的制作就完成了。

`6`

在盖子上涂上黏合剂，在其上面固定好绸带，在粘人造花前，要先考虑好粘贴位置。

`7`

粘好人造花，调整形状。

`8`

如果在意空隙，就粘上绸带，也可以用叶子或插针等进行装饰。根据自己的喜好调整吧！

完成！

人造花作为室内的漂亮的
小装饰品，可以将其摆放
在桌子上。它与鲜花不同，
不会枯萎，可以长期观赏。

41

同样的技巧可以做出
这么多漂亮的好东西!

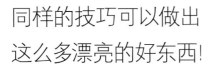

用一个小瓶当底座,用人造花进行装饰。
如果底座是金属制品,那么就用金属专
用的黏合剂黏合。此例中,由于在绸带
圈上粘贴了花材,因此只是在绸带上涂
上了金属用黏合剂。因为瓶子是透明的,
所以里面装上了绒球,十分可爱。

如果用金属胸针作为底座,就
可将其作为胸饰使用。选择沉
稳颜色的花材和具有质感的绸
带,再配上小饰物和皮毛,就
会呈现高档次的感觉。粘在绸
带上的人造宝石是亮点。

相框里贴上绸带，粘上胸
花，既可以用作房间的装
饰品，又可以起到收纳的
作用，一举两得。

各种搭配，多彩多姿！

可以做多个不同颜色的胸花等小饰品备用。人造花佩戴在身上，不会损伤花瓣，使用也方便。

可以放在桌子上作挂饰，也可以用作手提袋的提手，还可以挂在手包上作为手包的装饰。手提袋提手的底座可在饰品商店购买。

44

横向看具有立体感，很美。
人造花很轻，拿在手上不觉
得重也是其优点。

谁都能做出来的!
可爱的相框

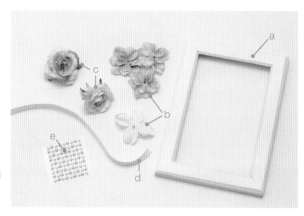

✳ 所需材料
a. 相框的基座（白色木质品）
人造花（b. 绣球花 c. 玫瑰花）
d. 绸带 e. 粘贴型的人造宝石
※ 拔去绣球花的花蕊，只留下花瓣，就很容易粘贴在相框上了。
※ 相框的基座和人造宝石可在杂货店购买。

✳ 制作方法

1

玫瑰花涂胶。制作前想象一下完成后的样子就更易制作出美丽的作品。

2

在相框的右下角粘上玫瑰花。

3

考虑到视线的原因，注意要稍微斜着向上贴。

4

为遮掩玫瑰花茎粘上绣球花。

5

把用绸带做好的蝴蝶结用黏合剂粘在相框的左上角。

6

粘上人造宝石，只要粘所需的数量就可以了。

完成!

花的颜色以白色为主调，
加上些淡淡的绿色，一个
优雅的相框就制作出来了。
在花蕊部贴上珍珠就提高
了作品的档次。

相框的基座与第 46 页的要求相同，配上绸带花边和金色饰品更显优雅，也可以作为结婚典礼的欢迎牌使用。

用淡绿色的花和绸带做的装饰品可以作为夹在食谱、记事本或书本里的书挡。身边使用的小杂物用人造花装饰后，可以为我们每天的生活增添很多乐趣！

简简单单的书挡用人造花和绸带装饰后变得如此可爱。数朵花的装饰在其有立体感的同时也很引人注目。

小杂物用人造花装饰后的样子

带在身上就很快乐！
漂亮的手机套

※ 所需材料

a. 手机套
b. 人造花（菊花）
c. 插针
d. 星星状的绸带

※ 手机套可在杂货店购买。

※ 制作方法

1

把星星状的绸带贴在手机套上，如果因图案复杂不容易粘贴，可以使用这种喷雾型胶。

2

插针从花的上面穿过，如果使用没有花蕊的花就容易操作了。

3

插针穿过后，剪短金属丝，扭转做一个圈后固定。因为要贴在手机壳上，为使粘贴轻松，可把反侧弄平，这样会增加接触面。处理完应看看整体的形态，最后使用黏合剂黏合。

完成！

粉色与白色的组合,女人味十足。因为是结实耐用的人造花,所以即便用于常常接触的地方也没有任何问题。

使用黑色的玫瑰花给人留下华丽的印象。黑色与粉色形成对比,很美丽,出席宴会时使用也很适合。

优雅的粉色、闪闪发光的宝石珍珠，颇具少女气质，建议作为优雅的胸饰使用。不用胸针，而是采用磁铁式的基底，这样就可以不在名贵的服装上扎眼了。这样的装饰可用于贵重服装，或别在任何自己喜欢的地方。戴在胸部和领部，吊坠会迎风而动，更增添了女人味。

戴上一枚就很出色
女人味十足的
摆动胸针

✳ 所需材料
a. 人造花（菊花）
b. 磁铁式胸饰别针
c. 帽子状小饰物　　d. 9号插针
e. 扣子　　f. 珍珠插针
※ 其他：可根据喜好，准备珍珠粘或小饰物等。

✳ 制作方法

1 把菊花的茎取下。

2 用9号插针穿过帽子状小饰物，在前端涂胶并插入花茎，为使插针不容易滑落，以及避免从花茎中拔出，需要用黏合剂固定。

3 稍微扩大9号插针的圆圈部分，拉至胸针别针的前端固定。摆动部分需要留下一定长度，就如同范例作品那样，在中间夹上一个小饰件固定就可以了。

4 剪掉珍珠插针的插针部分，只留下饰品部分。把这个饰品用黏合剂粘在扣子上，粘有饰品的扣子与胸饰别针同样用黏合剂粘好。透明的玻璃扣粘贴在胸饰上就会增加胸饰的饱满度，根据喜好，在帽子状小饰物的周围配上珍珠等，就可以提高饰品的档次。

Point

胸饰的基底为手工制作的塑料环，两者之间用黏合剂固定，这也是一种简单的制作方法。手工制作的环既结实又轻便，而且与任何小饰品都很相配。

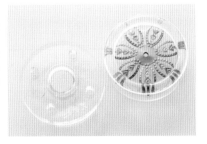

愉快地制作吧！　作品的构思

使用泡沫花插的创意作品

一个小容器
轻松打造创意
作品

✳ 所需材料
a. 容器（白色木制品）
b. 绸带
c. 花边
d. 珠宝
人造花（e. 毛茛花　f. 玫瑰花
g. 绣球花）
h. 泡沫花插

✳ 制作方法

根据容器的大小剪好花边，用黏合剂粘好，如果花边长于容器的高度，可以折向容器的内侧。

卷好花边，系好蝴蝶结。

系好蝴蝶结的绸带用金属丝固定，这样容器的装饰就完成了。

根据容器的大小，切削泡沫花插。图中所示是根据透明容器的内侧的大小、形状进行切削。

把泡沫花插装入容器中并插花。为使插入的花不容易拔出，在茎的前端涂好黏合剂。如果是摆饰，应事先考虑好摆放的位置，再考虑花的位置和朝向。花材的搭配方式大致分为对称和非对称两种，可根据个人喜好确定。在此以非对称方式举例说明。

完成！

先插好主花（菊花），为了从正面能看到花瓣，应以稍微朝前的角度插入。

即使是同一个容器，如果稍微改变一下装饰的设计，也能简单地改变风格。让我们乐在其中，多多创造吧！

7

插入第二枝花时，使花茎的顶端与第一枝花成交叉状，如同图中所示的那样。

8

插入第三枝花。

9

为了取得非对称的效果，第三枝花要与其他两枝形成不等边三角形。

10

花的间隙处插入绣球花。

11

空隙处用小的玫瑰花填充。

完成！

愉快地制作吧　作品的构思

用人造花来装饰容器是非常方便、实用的。如果用鲜花来装饰容器，那么你也许会担心花材费用高，并且易损坏，不持久。用人造花代替鲜花就可以避免这些问题了。因为其可以长期装饰，所以即便是高价花材也是值得的。

充分使用花边和绸带装饰容器，这样
能够用自己独创的作品装饰出具有创
意的空间。绸带的末端使用人造珠宝
进行装饰十分出彩，可用于格调高雅
的入口、玄关、客厅等地。

浪漫可爱的粉色玫瑰花
球形花束

制作球形花束的诀窍在于选择好主花后，怎样突出主花的美丽。在此介绍的是以淡粉色的玫瑰花为主花的花束。使用白色和渐变的粉色使束花有一种可爱的感觉。根据用途和感觉选择吧！

✳ **便利小常识——花束小托盘**
花束小托盘有专用的手柄和泡沫花插。泡沫花插能很好地固定花材，即便是初学者使用也没问题。可根据花束的大小选择泡沫花插。为了装饰后看不见花束小托盘或者为使花束看起来更加华丽，可以选择使用装饰花边，此例我们使用绿叶而不使用装饰花边。

✳ 制作方法

1

准备好主花（玫瑰花）的叶子，为了将其能插入花束小托盘中，要把叶子一片一片地用金属丝穿好。

2

花束小托盘底部插入用金属丝穿过的叶子（穿通泡沫花插）。

3

金属丝贯穿后，剪成适当的长度，使之固定在小托盘的边缘，这样就能防止叶子从泡沫花插里拔出来。

4

注意不要让叶子之间重叠，叶子在托盘底部装饰一圈。

5

准备好粘贴托盘底部的叶子，把叶子的根部剪成"山"形，这样就能很好地粘贴在托盘底部。

6

剪好叶子的内侧，使用双面胶带或者是使用黏合剂将其粘合在托盘底部，这样叶子与叶子之间就有平衡感了。

手柄处用绸带卷好，为很好地固定绸带，可在手柄底部用双面胶带粘贴两侧。

双面胶带的上面贴上绸带。

为隐藏底部，要好好固定绸带的两端。

像图中所示的那样反转绸带。

从底部开始往上卷。为使绸带均匀地卷好，注意要稍微往上斜卷拉紧。

卷到托盘底部（手柄的最上面），折回绸带。

绸带留出做圈的长度，从圈里把绸带末端穿过并往上拉，然后固定好。

也可以在卷完后剪去多余的绸带并用黏合剂粘贴固定。

手柄处卷完绸带后，在固定花束的支架上放入小托盘，使其处于固定状态后再插入花枝。在花束托盘的中心插入玫瑰花。这里就成为了花束最高的部位，从底部的叶子开始算大约 9cm 的高度就是顶部花的高度。

在顶部玫瑰花的周围插上 3 朵玫瑰花，为了使其成为球形，注意要以大约 45° 的角度插入。

观察整体的平衡感，再在中间玫瑰花的周围插入 4 朵玫瑰花，从上面看尽量使花与花之间不留空隙。

如果有空隙，用绣球花填充，绣球花的花瓣柔软，又是小碎花，很适合用于空隙的填充。

完成！

Point

用金属丝固定绸带时，为使金属丝不被挂住，要沿着手柄方向固定。

与球形花束配套的
胸花制作方法

举行结婚典礼时，新郎佩戴的胸花与新娘手捧花一般是同样的花。让我们试试使用与球形花束相同的花朵制作胸花吧！

✳ 所需花材
绣球花、玫瑰花、叶子。
※ 全部用金属丝接好。

✳ 制作方法

把花材用金属丝扎成一束，金属丝沿着花材的茎部笔直扎好。

完成！

用金属丝扎成一束后，用花材专用缠绕胶带缠绕，然后用绸带缠好，再配上事先准备好的绸带结就完成了。

使用胸饰专用的别针，既不会损伤衣物，也可用于有一定厚度布料的西服上。

这里使用的是磁铁式的别针，同样不需在服装上扎眼就可以使用了。

用人造花制作独有的礼物

"祝愿早点恢复健康"
探视病患用花

淡黄色的花朵有祝愿恢复健康之意。赠送鲜花探视病患的话必须避免赠送像百合花那样有香味的鲜花，但是可以用百合人造花代替。用绿色花材进行点缀，给人一种温柔的感觉。选择小巧紧凑型的塑料花器即可。

✳ 鲜花禁止带入病室？问问护士吧。

近年来，为了防止病患再次感染，越来越多的医院禁止把鲜花带进病房，也有些医院可以带入鲜花，但也禁止带进像百合花那样有香味的鲜花。

考虑到这些问题，将人造花制作的花束作为探视病患的礼物是非常合适的。使用即便掉在地上也不会损坏的花器就更完美了。

在使用鲜花探视病患越来越少的今天，用人造花代替鲜花装饰放在病室里会让人心情愉悦，对于长期住院的病患来说，赠送能让其感受到季节变化的花束，会让其心情愉悦，这是一个非常好的选择。

✳ 探视病患用花
- 选择不占地方的紧凑型花器
- 选择不容易破损的花器
- 不要混插鲜花
- 颜色不要过浓，也不要过淡

赠送糕点时所使用的
万圣节的礼品盒

因为人造花的品种非常丰富，可根据季节选择花材制成
作品。即便是制作方法相同，只要改变花材和配饰的搭
配，就会体现季节的变化。

Point

在纸盒的底部贴上泡沫花插，一半的空间
插上花材，用绸带装饰，另一半用布料粘贴，
隐藏泡沫花插，然后放进糕点。把糕点取
出后，可以放进其他的小饰件，也可以就
这样作为装饰品使用。

愉 快 地 制 作 吧 ！ 作 品 的 构 思

完美的礼物！
礼品花束的包装技巧

作为礼物赠送花束时，包装是不可缺少的，看起来很难的事情，其实掌握好了技巧，就很顺手了。请来挑战吧！

✳ **制作方法**

根据花束的高度及自己的喜好将包装纸折往内侧或外侧。

在距离茎的末端约1cm的位置剪去包装纸。

事先准备好大小较为宽裕的包装纸。根据花束的宽度，剪好包装纸。

将根据花束的宽度剪好的包装纸折成2层，剪去花顶部的多余部分。

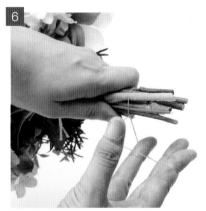

为使花茎的末端集中在一起，可使用橡皮筋捆扎。

7

8

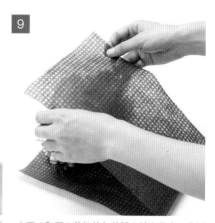

9

如果茎的末端有金属丝露出，会产生危险，需要包上保护材料。为使花材不易掉落，需要使用胶带固定好。

在图4和图5剪好的包装纸上放上花束，将纸对折。

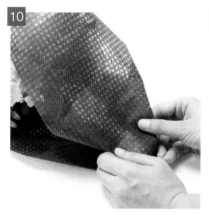

10

11

12

包住花束的茎部，折好两侧，用胶带固定。

从左右两侧往中部折。

13

14

15

折好后用橡皮筋固定，使用胶带固定也可以，但是橡皮筋固定更为牢固。推荐使用细一些的橡皮筋，因为其方便使用，可提高效率。

把最初准备好的包装纸卷成筒状，单张折叠的内侧部分再折叠后用订书机固定，为使固定不易松开，最好固定2个地方。

16

把图13中的花束放进图15的筒里。

17

放进筒后的样子。

18

花束要用绸带系住。把包装纸折好，尽量紧贴花束的茎，然后用橡皮筋固定。

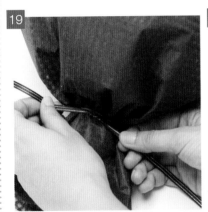

19

系上绸带结，在此使用卷曲的绸带结。

20

21

把卷曲的绸带结穿过蝴蝶结的中间的圈后系好。

完成！

作为赠送的礼物，还是需要好好包装的。包装纸的颜色、质感、材质不同也会完全改变人们对花束本身的印象。多使用绸带能提高花束的档次。

需要掌握的
基本的绸带打结方法

作品创作时能提升档次的方式是系上绸带结。这在制作花束时是不可欠缺的步骤。在此介绍一下基本的蝴蝶结和法式结的制作方法。

蝴蝶结

虽然简单，但是系上后就有可爱的感觉。可以用在很多的作品上，所以希望大家能够掌握其做法。

在此介绍有表里之分的蝴蝶结的做法。

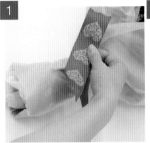

1 在需要系蝴蝶结的地方比照好，再决定圈的大小。

2 用食指和拇指压住成为圈中心的部分。

3 用一只手压住绸带的同时从花束的后部绕一圈。

4 把绸带从后面往前交叉。

5 用食指和拇指压住绸带（用右手），另一只手斜上穿过拉好打结。

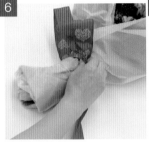

6 用朝下的绸带（右手拿的部分）做一个圈。

7 圈做好后，另一侧的绸带从上往下绕过圈压好，此时绸带的正面朝外。

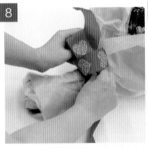

8 上侧的绸带转到前面，从圈的下面穿过（这里是左右圈的中心）卷好。

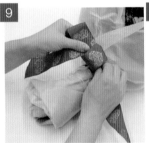

9 把绸带从后面绕到前面，再绕一圈。

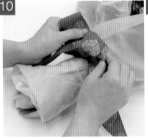

10 将绸带从中心的圈里通过，使绸带正面露出。

11 这样左右的圈就做好了。

12 左右的圈里插入食指，调整好形状。

13 为使左右两边的绸带长度相同，用剪刀剪好，调整好对称的角度。

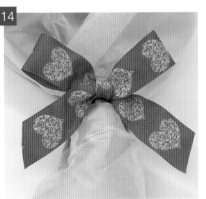

完成!

法式结

法式结因为有多个圈重叠，所以有立体感，显档次。这是花店常规的打结方法。法式结除用于装饰花束外，很多场合都能使用，圈数和圈的大小可根据设计和用途决定。

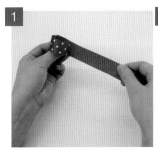

从绸带的一侧做一个小圈，这个圈成为结的中心。

重叠部分扭转180°，露出绸带的表面。

再做一个圈。

同样在对侧做一个圈。

大小跟刚才做的圈一样。

重复前述步骤，左右两边制作同样的圈数，制作要点是相邻的圈不要重叠，各分开一点点。

圈做好后，做一个这样的大圈。

留下必要的长度，剪去多余部分。

从大圈的中间剪断。

把金属丝从绸带结的中心穿过。

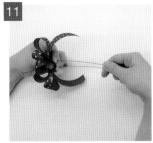

穿过后的金属丝折成2节。

扭转金属丝固定。

完成！

愉快地制作吧！ 作品的构思

使用多肉植物和绿色植物创作自然的作品

室内装饰的亮点
紧凑型墙面绿化

✳ **所需材料**
a. 泡沫花插　b. 壁挂木框（白色木制品）
c. 多肉植物、果实型花材、绿色人造植物
※ 使用多种的多肉植物时，注意要选择材质不同的种
　 类。如果选择材质相同的种类，就容易单调。

✳ **制作方法**

1

因为要在泡沫花插的上侧插上多肉植物，所以
先把泡沫花插切削成相框 1/2 的大小。把泡沫
花插粘在相框里。

2

粘好后的泡沫花插。

3

把多肉植物插入泡沫花插里，因为是挂在墙上
的饰品，为防止其掉落，插入前需在茎上涂黏
合剂。

4

把成为主材的多肉植物配置在相框的左下方，
整体观察并微调整后再决定下一步的设计。用
相框装饰的作品，主材装饰好后如留有空隙，
用其他材料填充即可。

5

在主材的上侧插入第二枝多肉植物。

6

为使其成为不等边三角形，要插好第三枝多肉
植物。

7

在不等边三角形周围插入小型的多肉植物填
充空隙。

8

最后，插入柔软型的人造植物，隐藏好泡沫花插。
根据喜好，可搭配一些小果实花材。

9

因为是墙上的挂饰，所以花材要稍微向上。

不使用泡沫花插，直接把花材粘在相框
里也很好。绿色装饰怎么做都不为过，
所以非常适用于客居装饰。

71

使用剩余的叶子和花制作的
墙面饰品。绿色、白色、茶
色组合在一起，有一种很自
然的感觉。

把一枝有体量感的花材直接插入花器里，就成为房间的装饰品了。不需加工，这样装饰就使人感觉很好。

在透明的花器里插入剑麻，在其周边用多肉植物装饰，自然的感觉就有了。把它放在窗边能够创造出轻松的空间氛围。

在帘轨上悬挂人造绿植进行简单搭配。大量使用绿色植物进行壁面绿化，创造出轻松的空间。白色的墙壁上搭配了绿色的植物，简单而时尚。

Column
与保鲜花搭配使用

保鲜花就是鲜花经过加工后的产品，其鲜花的质感不会改变，能长久地观赏。因为保鲜花如同鲜花一样美丽，所以很有人气，但是因其非常柔弱，所以使用时要非常小心。保鲜花与人造花搭配使用有很多的优点。

【优点】

● 主花使用保鲜花，就会创造出与鲜花接近的氛围。

● 在高价的保鲜花中加入人造花，可以降低成本。

● 在材质和颜色方面进行搭配，可以扩展设计的思路。

【搭配使用的要点】

● 与保鲜花搭配的人造花要选择材质柔软、不会损伤保鲜花的花材。材质柔软的人造花对保鲜花也能起到保护作用，可谓一举两得。

● 要注意，有的保鲜花容易掉色！例如红色保鲜花的周边插上白色的绣球花，就会把绣球花染上红色。

● 在结婚仪式等担心损伤衣物的场合，如果直接使用与衣服接触的深色的保鲜花，有可能把衣服染脏，因此事先要在与衣服直接接触的地方使用人造花的叶子等遮盖好后，然后再用保鲜花，这样就不用担心了。

黄绿色的人造绣球花，蓬蓬松松地围在粉色的保鲜花周围，在保护保鲜花的同时，也成为设计的点缀。

完美的内饰！
用人造花装点房间

右图 / 在装饰性框内配上试管，在此插入花束或迷你花材，既可以作为装饰，也可以展示其内的物品。

左下图 / 在门把手上挂上小小的心形花环，气氛马上就改变了，用树皮做的"太阳花"成了很自然的花环。

右下图 / 像小皮球似的可爱而优雅的搭配，金色配上喜庆的红色，作为和服的胸饰或者作为过年时的房间装饰都很适合。金色基座可以起到固定花材的作用，使用方便。

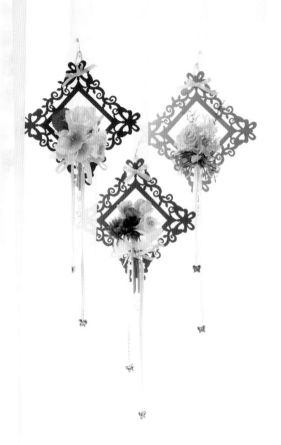

用茎制作成一连串的装饰品。使用浪漫的粉色人造花装饰墙面，甜蜜而女人味十足。

用几元店的东西制作的可爱杂货

几元店有很多的人造花。有的店销售的产品种类丰富，选择好种类可简单地制作出可爱的小物件。如果担心"看起来是便宜货"，那么稍微用一下心就能打造很不错的作品哦！第 78 页至 83 页全是用在几元店购买的东西制作的作品哦！

迷你花束

选择喜欢的花材，并用绸带系好，瞬间变为可爱的迷你花束！在花朵中心插上珍珠和插针等小装饰品，就变成自己的独创作品了。把迷你花束放在小花瓶里也是一种可爱的装饰呀！

只要稍稍用心设计

用胶粘上迷你花朵，就变身为时尚而美丽的独特的相册了，在收藏美好记忆的同时，你是否也心情愉悦呢？这也是一件很好的赠礼。这个相册可以用于珍藏小孩子的成长记录，也可用于收集可爱的宠物的照片。即便是摆放在家里，也给家里增添了一抹亮色，从而变成一件漂亮的饰品。制作、使用、赠送，这是充满了快乐的创意相册！

选择有一定厚度的相册就容易立起来摆放。

粘贴人造花时，最内侧的大花和茎需要用黏合剂牢牢地粘好，辅助的花材尽量呈平面，与相册充分接触粘贴。

不改变原有花材
改变配置，制作更加独特的花饰！

✳ **所需材料**
- 环形的小杂货
  原样装饰也可以，如果改变花材的搭配，或者换上别的花材，马上就是一件新的作品了。
- 薄纱型绸带
- 小饰物插针
- 人造花

✳ **制作方法**

1. 拔下想替换的花材，选择能简单地拔下的花材，制作会更容易。

2. 拔下花材后的状态。如果拔下所有的花材就比较难构思了。留下想作为主花的花材，改变搭配就会变成另外一件作品。

3. 留下想使用的人造花的花头，购买这样能够简单拔出花头的花材。

4. 根据喜好进行花材的搭配和组合。

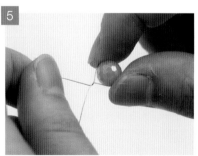

5. 用金属丝穿过有孔玻璃珠，插在花的中心，或者作为装饰的小物件，均可。

6. 用金属丝缠绕人造花的茎，使之有动感。

7

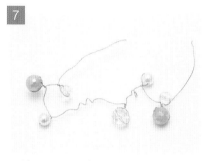

这样扭曲后不只是有动感，而且会让金属丝更加有特色。

8

把金属丝挂搭在底座上。

完成！

系上薄纱型绸带的蝴蝶结，可爱的墙饰就制作完成了。

活用绸带制作
简单而可爱的头饰！

✳ 所需材料
● 人造花（玫瑰花环）
● 有装饰物的橡皮筋
● 薄纱型绸带
● 珍珠插针
● 粘贴型的人造宝石
● 毛毡

✳ 制作方法

1 取出花蕊和花萼，只留下花瓣。

2 为使花瓣不分散，用订书机固定。

3 4 把装饰物和皮筋拆开，在装饰物的内侧涂上热型黏合剂，将其粘在花的中心。

5 在花的中心插入珍珠插针。

6 这样就做好了一朵富有动感的花。

7 在茉莉花的中心部粘好人造宝石。因为是粘贴型的，所以粘贴容易。为使其不易脱落，需要使用黏合剂。

8

把毛毡剪成绸带的宽度，在毛毡上粘贴经过处理的花朵。粘贴前，想象一下做好后的样式，再粘贴就不会失败了。

9

在花的反面涂上黏合剂，然后把花粘上。

10

花与花之间尽量不要留有空隙。

11

为使花瓣不要飘在上面，要固定好相邻的花瓣。

12

花粘贴完后，要在毛毡的两端粘贴好绸带。

13

可在绸带和毛毡接触面粘贴剩余的叶子，以遮掩和加固。

完成!

剩余绿植的活用法

制作杂货和小饰物时，如果只使用花头，就会剩余一些茎和叶片。如果弃之不用就会造成浪费，在此介绍剩余绿植的活用法。

制作一个专门的储放剩余绿植的箱子，不仅能集中存放这些剩余材料，再次使用时还能一目了然地选择使用。

在叶子的表面喷上彩胶或指甲油能起到装饰的作用，需要闪闪发亮和豪华的感觉时可以使用，这也是使其看起来不是便宜货的诀窍呦！

使用彩色的茎

这是一个使用大量绿植制作的充满自然味道的手提包型的装饰物。使用叶面很大的叶子隐藏泡沫花材，提手使用的是再利用的茎。使用袋子形状的花材作为基础支架。

使用剩余的叶子
制作成闪闪发亮的花环

在花环上缠上藤蔓，再在上面喷上彩胶或指甲油，并添上一些金银线，轻轻松松地就能完成花环的制作了。加上流苏、果实型花材和绸带结，看起来很难让人想象到这是用剩余材料制作的作品。这也可以当作圣诞节的花环使用。

简单、可爱! 试着制作头饰吧!

耐用而又美丽的人造花是很适合用来制作头饰的材料。脸的周围配上花朵马上就使脸变得生动而漂亮了。在此给大家介绍的只是简单的粘贴就能制作的华丽型的大朵花和可爱型的小花朵的头饰品。制作属于自己独有的头饰,把自己装扮得更加魅力四射吧!

Case 1 用白色毛茛花 制作的雅致发圈

有薄薄花瓣的毛茛花的中心,配上大大的人造珍珠,华丽而又高档的头饰就做成了。白色可以与任何装饰相配,使用方便。

✳ 所需材料
● 白色毛茛花 1 朵
● 绣球花的花萼 5~6 片
● 椭圆形的人造珍珠 1 个
● 穿孔珍珠 2 个
● 黑色发圈 1 个

✳ 制作方法
1 拔出毛茛花的花蕊和茎,预先准备好只有花萼部的绣球花。

2 事先决定好花放在发圈上的位置,可以轻轻地用粉笔等在粘贴部位做好记号。

3 粘贴好 2~3 瓣的绣球花 2 朵,在各自的中心粘贴好有孔珍珠。

4 在发圈放绣球花的位置直接粘好绣球花。毛茛花粘贴好后以能从下面看到一半绣球花比较合适。

5 毛茛花的内侧涂上黏合剂,直接粘在发圈上。因为花朵较大,为防止掉落,应认真粘贴。黏合剂干后就完成了。

Arrange

手指上戴上相应的配套品,更显高档。使用绣球花花瓣重叠制作,会有娇媚的感觉,重量也很轻,不会成为负担。

✳ 制作方法
1 拆散绣球花,准备好 3 朵只有花萼的绣球花。

2 在各花瓣的中心用黏合剂粘贴人造宝石或有孔珍珠。

3 以 5mm 左右的绸带作为底部,将绣球花用黏合剂粘帖在上面。

4 在此用在市场购买的戒指固定。此例中使用了含松紧带的戒指,使之与绣球花黏合,也可以直接使用塑料戒指黏合。根据个人喜好选择吧!

发圈的反面
建议使用布制的发圈,这样很容易粘上别的花材。否则,需要粘上毛毡后才能使用。

愉快地制作吧　作品的松思

_{Case} 2 艳丽可爱的发夹

使用明亮的柠檬黄和活泼的粉色搭配是健康的颜色搭配，简单的发夹因此大变身！贴在花中的宝石也使用了很可爱的色彩搭配，再配上日式浴衣，更般配呦！

✳ **所需材料**
- 大丽花 1 朵
- 粉色菊花 1 朵
- 小饰品用珠宝数个
- 发夹 1 个
- 毛毡 2 片（剪成比发夹多出约 1cm 大小）

✳ **制作方法**

1 首先用发夹和毛毡做好基底。为使发夹能穿过毛毡，先把 1 片毛毡剪好切口，像图中那样，穿过发夹后使发夹不会轻易从毛毡里拔出，剪切口大概在毛毡纵向 1cm 的位置。

2 在剪切口插入发夹（参看图片）。在这个上面用黏合剂粘上另外一片毛毡。发夹的底部使用毛毡夹住。这样固定后，再固定花材时也能固定头发。

3 取下大丽花和菊花的花蕊和茎，在各自的中心使用黏合剂粘上珠宝。

4 把人造花粘帖在毛毡上。

如果不加工发夹，黏合剂的使用效果就不好。使用毛毡能很好地黏合花材。毛毡的剪切口也无需处理，毛毡布料能很好地起到固定头发的作用，这是很聪明的做法。

Arrange

使用与头饰相同的珠宝，即便是花材不同也会有配套感。配上腕饰是不是很出彩呢？

✳ **制作方法**

1 在腕饰的两端用黏合剂粘好花边绸带。

2 准备好 3 朵只有花萼的绣球花，并在中心贴上珠宝。

3 把绣球花粘在腕饰上面。

本例使用了卷曲方便的手链。

愉快地制作吧！ 作品的构思

极具魅力的
让人印象深刻的大花饰品

用装饰链与大朵的大丽花搭配能够突出花的存在感。此例中使用了简洁的一朵花的设计。使用鲜花中罕见的浅蓝色，花朵中间配上花边，这大概也只有用人造花才能呈现这种设计效果吧！花瓣多的花材会更有质感，即便使用一朵也不会显得小气！

✱ 所需材料
- 大丽花（浅蓝色）1 朵
- 别针 1 个
- 毛毡（大小能遮住别针的尺寸）1 片

✱ 制作方法
1. 把毛毡剪成能遮住别针大小的尺寸，在别针的上部用黏合剂黏合，完成基础工作。

2. 取下大丽花的茎，用黏合剂把花黏合在毛毡上就完成了。

别针的背面。因为能从侧面看到别针的手柄处，所以可使用像绣球花那样的小花朵进行粘贴遮掩（红圈部分）。使用大朵花时，别针也相应要选择大的，如果选择小的别针，就会使用不便。使用一朵花设计时，注意要选择高品质的花材。

使用皮质别针的胸饰搭配礼服很好看，或者别在样式简单的手包上也很不错。因为可在很多地方使用，因此做好与头饰配套的小饰品使用起来是很方便的。

✱ 制作方法
1. 把毛毡剪成能包住皮质别针一圈的尺寸。

2. 把毛毡用黏合剂粘在皮质别针上。

3. 在毛毡上粘上花朵。

4. 根据喜好，用同样的方法配上小花朵和宝石链子，可以配套使用。

Case 4 用含苞待放的小花制作发夹

盘发用的 U 形发夹，只要装饰些许花朵就变成了这么漂亮的头饰品。如果再加上珍珠、宝石等小配件，虽然不起眼，但是瞬间就会变成很艳丽的头饰了，使用同色系的花朵很显档次，想要增加自然的感觉，就加上一些小小的绿叶吧！

❋ 所需材料

● 玫瑰花（红色）3 朵
● 玫瑰花（白色）1 朵
● 含珠宝的别针 3 个
● 毛毡（约 1.5cm 正方形）2 片

❋ 制作方法

1 为隐藏住 U 形别针的 U 字部位，用一片毛毡粘好。

2 把带有珠宝的插针剪成适当的长度，把金属针用黏合剂粘在毛毡上。

3 为了遮掩插针和 U 字部分，使用另外一片毛毡粘住，这是用毛毡粘住 U 形别针和插针的要领。

4 对作品进行微调，把只有花头的玫瑰花粘贴在毛毡上，这样就完成了。

Arrange

根据基底的毛毡尺寸的大小可以创意出各种各样的作品。以细长型的毛毡为基底配上花朵，就可以制作成模特佩戴的颈链。把毛毡剪成领子的形状就可以制成领子型的饰品。让我们试试各种创意吧！

U 形针的内侧。除毛毡以外，也可以使用表面有凸凹感的绸带。要处理好别针的金属丝，使之不要外露，如果金属丝外露，就会缠上头发丝或扎到头皮，影响使用。

用于和服的配饰

和服和日式浴衣与人造花头饰十分相配。穿上和服时，与流行色相比，使用暗色调的有厚重感的颜色更相配。腰部系带也使用配套的材料就更显精致，请在聚会和典礼上使用吧！制作方法请参见第 86 页至 87 页。

使用大朵的芍药制作的饰品。深红色艳丽的饰品与和服相配，给人留下稳重的印象。

使用多朵人造花配饰的样子。这样会增添尊贵的感觉，但是要注意使用过多会增加头发的负担。

使用简单的一朵花头饰，为与和服相配，使用了日式纽带结，纽带结很是雅致。花里的金属线也很抢眼。

叶状花材的内侧可以事先处理好有可能损伤和服的部分。图中使用了编织系带，这种带子既结实又容易打理，使用范围很广。

穿和服时必不可少的配饰是漂亮的腰部系带，系带也可以手工制作。在市场上购买系带部件，然后用黏合剂粘上花材，制作简单！在花中添上珠宝、挂上吊坠，就能制作出很多的种类了。注意要选择不损伤和服的花材和别针。

新娘花冠

为使新娘更加美丽，可以简单地制作一个花冠。花的中间配上珠宝等小配饰，华丽而又闪闪发亮。在此将制作方法介绍给认为制作很难的人士。使用喜欢的花材，制作自己想象中的花冠吧！

☆ 所需材料

- 玫瑰花（粉色）约 10 朵
- 玫瑰花（白色）约 2 朵
- 绣球花适量
- 珍珠插针适量
- 宝石适量
- 发圈 1 个
- 发夹 2 个

☆ 制作方法

1 去掉玫瑰花和绣球花的茎。

2 首先把主花直接用黏合剂粘好。

3 主花粘完后，在主花间用绣球花等小花粘贴填充。留下花蕾，看起来会更自然。

4 在玫瑰花瓣间粘上珍珠插针和宝石。

5 也可在发圈的两端粘上绸带进行遮藏。

6 最后，在发圈的两端把小的发夹用金属丝卷曲固定，这样就能固定发型，且发圈不易滑落了。

花一直粘到发圈的两端会比较好看，这样使整理头发更为容易。如果不粘满发圈，那么当头发飘动时，就能看见没有经过装饰的发圈。建议发圈两端用绸带缠绕隐藏。

在发圈的两端粘上发夹，在防止发圈掉落的同时，还能看到完美的花冠。使用发夹时，为了不让发夹露出来，不要忘记要用花或者绸带进行遮挡。

用可爱的小花制作传统花冠

大家记得在孩童时期使用三叶草编制的花冠吗？那么就让我们一边怀念童真时代，一边使用小花制作可爱的花冠吧！制作这种花冠需要使用直径 20cm 左右的传统型花材，在此介绍基本的制作方法。大朵的花材也可以用同样的方法制作。那就选择自己喜欢的花材制作吧！

※ 所需材料
● 绿色的颈链
● 绣球花
● 玫瑰花
● 茉莉花
● 满天星
● 菊花
● 珍珠插针
● 花材缠绕带（棕色）
● 28 号金属线

※ 金属线选择 26 号至 28 号更合适，
因为戴在头上，不仅重量轻、柔软，
而且容易与头型相协调。
此次的花材缠绕带选择了与头发相
似的棕色，也可以选择与茎相同的
绿色。

※ 制作方法

1

用金属丝接好使用的花材。1 根金属丝剪成对
半使用。由于花型不同，接续手法也不同，具
体手法参照介绍基本技巧的章节。

2

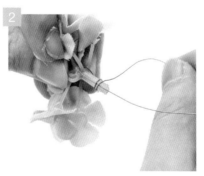

像绣球花那样有分枝的花材，在茎的分枝部位
插入金属丝折回后，一端的金属丝缠绕每枝茎
后再两端拧紧。

3

有茎的花材先把茎开孔，金属丝穿过孔后折回，
把金属丝的一端缠上每根茎后跟另一端缠绕。
这种方法使花不会轻易从金属丝里拔出，能牢
固固定。

将珍珠插针穿过花的中心，把插针和花用黏合剂轻轻黏合固定。珍珠成为花冠的装饰品，根据喜好也可使用宝石。

接续好后，使用花材缠绕带缠绕。

接续和缠绕好后的状态。为使金属丝不露出，要从根部仔细缠绕。

组合花材，花和花相邻排好，金属丝用花材缠绕带固定。

不需要缠绕到金属丝的末端，绕到一半的地方固定就可以。

花与花之间的间隙尽量均衡是制作美丽作品的诀窍。花的大小不同时，可使用像绣球花那样的小花填充其中，并进行微调。

不只是从上面看要有平衡的美感，从侧面看也要保持平衡感，这样就有立体感。搭配花材时要注意颜色、形状的选择。

从金属丝到花头不要缠得过紧，这样才有调节的余地，戴上时容易吻合头形，再者还能调节花朵的角度，使此后的调整变得更为容易。

想象一下佩戴人的头形再决定发圈的大小。

因为头是圆的，沿着圆弧形状组合下去就容易与头形吻合。

藤蔓型的花材（在此使用绿色的花材）很容易遮掩住金属丝，在重要的地方用金属丝扭住固定。

剪去缠绕到末端的剩余金属丝，在重合的两端用金属丝缠好固定，作品完成。

Point

为了防止花冠大小不合适，要在发圈两端使用发夹，这样即便头形不同也可以自由调整。

愉快地制作吧！ 作品的构思

各种其他花冠

除了用人造花与金属组合制作花冠以外，还有使用藤蔓植物制作的。这种方法可以不使用其他的花，只用藤蔓就会有清爽而自然的感觉。根据用途，我们可以简单设计，也可以加上一些花朵使它立即变成华丽的花冠。

使用常春藤的藤蔓制作的环形花冠非常自然，配上轻盈的薄纱型飘带，立刻呈现出轻松、自然的感觉。

利用白色柔软的花材制作的简单花冠。用珍珠装饰，展示出飘飘仙女的形象。

大量使用玫瑰花的华丽型花冠。重心偏向一侧后在另一侧用小花装饰，再用玫瑰花叶子进行点缀。

Column

制作人造花头饰的小技巧

人造花头饰的优点

❋ 耐用，使用安心！

戴在身上不用担心损坏，可以放心使用。不限制使用场所，室内、室外都可使用。而且很轻，所以人造花是很好的装饰材料。

❋ 适合海外婚礼时佩戴

日本海外婚礼因价格便宜、婚礼种类多而倍受欢迎。为参加海外婚礼，选择佩戴人造花头饰是很不错的选择。人造花与鲜花不同，不需要水养，所以可在国内准备好再拿到国外佩戴，很方便。因为耐用、容易打理，所以也不用担心运输问题。在婚礼举办地准备也可以。对于很在意细节的人，建议使用人造花饰品。

❋ 给人惊喜

人造花会给人手工制作的感觉，没有打理鲜花经验的人也可以轻松使用人造花。制作的时间完全可以自己掌控，有的新郎为给新娘惊喜，婚礼前自己悄悄地做好婚礼饰品送给新娘，这成了一种浪漫的回忆，可以将其永久性地保存或者是装饰房间。

❋ 喜欢的花材可以长期欣赏

花是有季节性的，使用人造花也如此。可是，如果想使用非时令花卉，那么人造花是最好的选择。严冬的向日葵、春天的红叶等，使用反季节的花材创作自己喜欢的作品，或者混合四季的花材进行创作，也很有趣。

从发型师那学到的技巧

柔软的花瓣适合制作头饰，过硬的东西不容易成形，因此，有必要尽量选用柔软的花材。使用的发夹等金属品也需选择圆弧形的，因为圆弧形的比直的更符合头形，而且使用方便。

像图中所展示的一样，发夹的种类很多，可根据用途选择使用。中间有齿的发夹使用方便,头发不易滑落。最下面的发夹，可以在孔里插花后使用。

比较重的花冠的内侧，建议粘上万能胶带，这样就不容易滑落。做好的花冠，试戴后如果不稳定，也可以使用这个方法。但是要注意，粘有万能胶带的花冠，会使发型紊乱。

对于大朵的花，在花瓣之间加入金属丝，就能防止花瓣浮动，也更能与头形吻合。像图中那样在花瓣间插入卷成圈状的金属丝，并用黏合剂粘好。

婚庆饰品的设计及样式

婚庆饰品使用人造花，不但可以降低成本，还可以作为纪念品使用。因为不用担心花朵干枯，
所以即便婚礼在国外举行也很方便携带。如果想要佩戴手工饰品，也可以自己悄悄地准备好。
不只是准备好手捧花，别的佩戴饰物也可成套地准备好。这样，是不是很有成就感呢！

球形花束的制作方法请参考第58
页，在花束的下面使用大量的花
边饰品，这样既省去了内侧的处
理工序，也节省了花材，花边飘
动时十分优雅。正面配上条纹绸
带和人造宝石，更增添了可爱的
感觉，充满了少女般的温柔感。

图中捧在手上的花束，
与淡粉色礼服很相配，
与白色丝网型的婚纱礼
服也很相配，给人一种
温柔清新的感觉！

公主风的配套饰品

根据礼服的颜色，成套制作好粉色系的花冠、胸饰、腕饰等，十分可爱。以小公主的形象进行设计，花的种类和颜色配套使用，统一风格，新娘会像花仙子一样可爱。饰品也都镶上了珍珠，整体很协调。

在礼服的胸前装饰上花，马上增加了脸部的光彩。用粉色的花朵装扮，与娇羞的新娘很吻合。花冠使用了制作简单的发圈，请参见第 96 页。

基本的构造与第 91 页使用鞋形别针制作饰品相同。因为宽度大，为使其更加牢固，可以使用多枚别针，把毛毡剪成喜欢的形状做基底，把花边和花用黏合剂粘贴。同样的礼服，加上一些花，形象就会改变。这种方法在参加聚会时也可以使用。

大朵的玫瑰花腕饰可以让人印象深刻，这也是粘贴就能完成的作品。以毛毡为基底，两端用绸带接好。也可以用手链作为基底，根据喜好粘上花材。当然，其他的饰品也可以用配套的小花。

惜地制作吧 作品的构思

熠熠发光的
白色婚礼饰品

手捧花里放上熠熠发光的装饰品，高贵的感觉就有了。这样大胆地把饰品装饰在花瓣里，也许只有人造花才能做到。大量使用熠熠发光的小装饰品、羽毛、绸带，制作出自己独有的创意手捧花，其他的装饰品也使用白色制作。

同样的白色系里也有纯白色、乳白色、灰白色等区别，所以手捧花、装扮品使用的白色系颜色要统一。使用用一朵花制作的配饰时，最容易相配的是用手捧花中的一种花。

头饰是用人造花制作的发圈（参考第97页），发圈和别针是独立的，可以选择使用。除婚礼上使用外，聚会时也可以使用。垂于花下的亮晶晶的珠宝吊坠也只是简单地挂在发圈上而已，可以使用只剩下一只的耳坠。找到自己满意的与礼服相配的装饰品往往比较困难，如果自己动手制作，大小和设计都可随心所欲。

美丽的后背

头饰的佩戴位置会在很大程度上影响形象。像图中那样将花稍微向后佩戴，会给人清新而成熟的感觉，即便是大的花朵也可以这样佩戴，这能让你拥有一个美丽的后背。使用大朵的蝴蝶兰和百合花有高贵感，是大胆而又清新的装扮后背的方法。手捧花也同样使用白色。

左下图/使用垂下的藤蔓制作出自然的螺旋形样式（参考第28页螺旋式花束的制作方法）。把百合花、玫瑰花等花材一边扎成螺旋形，一边随意地放上藤蔓。藤蔓留下一定的长度，看起来十分优雅。长长的蝴蝶兰也让人印象深刻。再增加数种金线、银线、绸带，就有了奢华感。

右下图/从正面看头饰的样子。几乎看不到花，只看到清爽的侧影。正面与侧面、后面间隙看起来也很舒服。头饰是用绸带和人造花重叠制作的，花的粘贴位置随意。其构造与第95页的和服的饰品相同，是一朵一朵制作的独立的饰品。

愉快地制作吧！ 作品的构思

小饰品的
整体搭配

不只是花束和佩戴的饰品，桌上摆放的饰品也可以使用人造花制作。左页是全部使用人造花制作的婚礼桌上摆放的饰品。淡粉色的花朵很优雅。看起来好像制作复杂，实际上只分三个种类：桌上装饰用的球形花束、名牌夹、致谢卡。只是简单地粘贴和捆扎就有了这样漂亮的装饰。

右上图／基座是木质的简单的卡片形别针，准备好与基座同样尺寸的绸带，把绸带围绕木盒一圈，用黏合剂黏合。在此上面粘上花边，小技巧是在上面再粘上人造宝石。木盒上粘上小玫瑰花和绣球花做遮挡。别针部分粘上绣球花，系上绸带，可爱的作品就完成了。

右下图／从市场上购买木制发夹，把绸带和珍珠用黏合剂粘好，在上面粘上玫瑰花，这样就很好看了。卡片上写上感谢语，作为赠送给来宾的小礼物。

左图／花束使用螺旋式和平行式的扎法（参见第28页），可以制作出各种大小的。选择合适的绸带和花瓶进行搭配，高低配置不同，避免单调而又有动感。因为花瓶里不需储水，所以布置和撤回都很容易。

时令花卉

街上的树变成黄色和红色就是秋天来了，樱花绽放就是春天来了。鲜花、草木的枯荣和果实的成熟，会让我们感知季节的变化，这是植物的最大魅力。花是表现季节的重要材料，虽然人造花不分季节，但是如果是季节性作品的创作，就可考虑季节感的呈现。在此介绍时令花卉的代表性品种，以下所有图片全部是人造花。

不分季节的花

为作为切花使用，鲜花种植者利用种植技术可以使鲜花开放的时间变长。现在有很多原来在自然界只在一定时期开放的鲜花可以全年开放。

玫瑰

可以说是鲜花的代名词，是重要的人造花种类。

康乃馨

是送给母亲的花，除了红色还有粉色和绿色等颜色。

兰花类

除了名贵的蝴蝶兰以外，还有舟兰、蕙兰等很多的品种和花色。

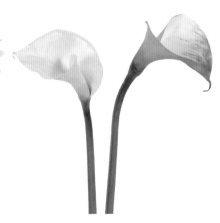

大丁草

花形整齐，非常可爱，颜色多样，无论小孩还是大人都喜欢。

水芋

姿态优美，有现代感，白色的水芋是婚礼上的必需品。

家兰

颜色和形状具有个性，如同燃烧的火焰，可用于表现现代作品。

春天的花

亮丽的粉色系品种多而华丽，郁金香和风信子等宿根花卉也是春天常见的花卉。春天，花瓣柔软而透明的花有很多，使用这样柔软的花创作会给人带来春天的气息。根据花的颜色，选择明亮颜色的绿植搭配比较协调。

樱花

春天的代表花，图中是盛开的八瓣樱花，也有单瓣的品种。

罂粟

如果是鲜花，其质感如同薄纸，有栩栩如生的颜色和婀娜多姿的花蕾。

亲香豌豆花

可散发香气的豆科花，有白色、粉色、紫色等丰富的颜色，有飘逸感的花瓣。

郁金香

如果是鲜花，茎容易变形。人造花不容易变形，使用方便。

毛茛花

花的大小、颜色多种多样，淡色种类多，给人浪漫的气息。

风信子

小小的宿根花卉，浅蓝色常常用于婚礼上。

芍药

多层的柔软的花瓣，既漂亮又可爱。因存在感突出，适合于做主花使用。

银莲花

有单瓣和八瓣品种。有黄色、红色、紫色等亮丽的颜色。

油菜花

拥有很多明亮的动人心弦的小黄花，是春意浓浓的代表性花卉。

夏天的花

从初夏的颜色、姿态温柔的花朵到盛夏的热带地区的婀娜多姿的花朵，夏天的花种类繁多。到了夏末秋初，花的颜色也会慢慢变深，可根据作品的主题选择清爽的冷色系或热烈的暖色系的花朵。

牵牛花

夏天的代表性花卉，淡蓝色和紫色让人印象深刻，还有其他丰富的颜色。

绣球花

看起来像花其实是花萼，被雨淋湿的景象很美，秋天会变色，因而也具有秋意。

铁线莲

藤蔓植物，有飘逸感。给人平和的感觉。

向日葵

健康而生动的黄色是其明显的特征，是夏天的代表花。

铃兰

清新可爱，婚礼上常常使用，一枝也很可爱。

薰衣草

有好闻的花香，也常作干花材料。创作有自然感的作品很适合。

丁香

鲜花的花香很好闻，颜色淡雅，大量使用也不张扬。

木槿

热带气氛浓厚的南国之花，很适合创造出具有夏天气氛的作品。

百合

大朵的卡萨布兰卡很适合用于婚礼，小朵的适合用于制作饰品。

秋天的花

随着叶子颜色的变化，很多花朵变得简朴、娴静起来，秋天的花沉稳而又厚重。秋天很多植物会结果，使用结果的植物是表现秋意的最好材料。不要只是使用红色花材，茶色系的叶子或秋天的花朵也能充分表现出秋意。

菊花

给人的印象是葬礼用花，因为有多种颜色和形状，也可用于现代派作品。

大丽花

因为环境的原因，鲜花维护困难，使用不便，人造花则使用方便。

鸡冠花

其饱满的花形和天鹅绒般的质感很有秋意，还有下垂的品种。

龙胆花

有平和的姿态，因花头集中，用于制作球形花束或作为辅材使用，姿态优美。

波斯菊

其随风飘动时的娇媚姿态让人印象深刻，可好好利用其柔美的姿态。

地榆

花看起来像果实，可以大量使用，装饰在花束上，少量使用亦可。

酸浆

鲜亮的橘黄色果实，鲜花适合干燥后使用。

枫叶

一枝就能表现秋色。枫叶实际观赏时间很短，人造花可以长期观赏。

浆果类

浆果类人造花的种类、颜色、形状都很丰富。

冬天的花

草木从准备越冬的初冬到越冬后的初春，其变化是多姿多彩的。年末有圣诞节和新年等很重要的节日，因此对花的需求也很多。事先准备好人造花的花环，挂在门口美美地装饰吧！

圣诞玫瑰

园艺爱好者喜欢的花材，绿色的叶子也可使用。

山茶花

其红色、白色的花朵，纯洁的形状和颜色可以很好地表现日本文化，在花器里插上一枝就很美丽。

梅花

花朵很可爱，枝桠形态有特别的韵味。可以使用大枝条。

羽衣甘蓝

冬季花坛不可缺少的花。不张扬，姿态优美。可用于新年装饰。

一品红

岁末的盆花很常见，可装饰在花环上，或者放在花束里作为点缀。

松

新鲜的松脂很黏手，人造花没有这个麻烦。

水仙

香味浓厚的春的使者。可利用其亭亭玉立的身姿，或者观赏其雅致的花朵。

福寿草

别名为"元日草"，是迎春之花。花瓣呈明亮的黄色。

含羞草

有很多轻飘飘的毛球状的小花朵，大量使用有视觉冲击感。

Column
与孩子们一起制作吧！

剪剪贴贴的简单制作就能完成作品，这是人造花的魅力所在。因为工序简单，所以可以与孩子们一起制作。例如，像图中那样在记事本上连续粘上花材，就是很简单的制作方法，完成后就像一幅画一样。注意要从侧面看具有立体的美感。在有高度的花材的茎的侧面用绣球花和果浆植物遮掩，这样就有立体感了。使用自己喜欢的绸带和小饰物就可以制作一个独特的记事本了。

作品完成后剩余的花、叶、藤蔓
等可以装在箱子里储存起来备用，
以后可以制作其他的小作品。孩
子们有出乎意料的想象力，会有
意想不到的设计。

有关人造花的问答
Q&A

Q 人造花与假花不同吗？

A 称呼不同而已，基本是一致的。近年，因为其品质越来越好，很多人造花像鲜花一样逼真，这样高品质的假花被花界人士称为"人造花"。

Q 不掉色吗？

A 因花材而异。染色的布颜色太深或是材质的原因可能会掉色。婚礼使用前，先沾少量水做实验，确认不掉色后再使用。叶子状花材不像保鲜花那样容易掉色，所以婚礼用的手捧花如果需要使用保鲜花，建议直接接触礼服的地方使用人造花的叶子，以防止掉色弄脏礼服。

Q 使用人造花时需要注意什么呢？

A 使用普通的文具剪刀剪切有茎的人造花需要很大的力气，而且如果用力过猛会产生危险。文具剪刀的刀刃很薄，如果强行用其剪金属丝，会损伤刀刃，产生危险。因此推荐使用具有金属丝剪切功能的专用剪刀，这样既安全又省力。还要注意防止金属丝或花枝的切口伤人，在需要用手接触的地方缠好胶带或者涂上黏合剂遮盖就安全了。

Q 在哪里能买到？

A 在杂货店、大卖场、手工艺品商店、家居市场都能买到人造花。专卖店里的产品品质有保障、品种丰富，还有设计样品的展示，也可以借鉴其设计和摆设，多逛逛、多欣赏也是很好的学习方法。即便是同样的花，因其质感不同，效果也是不同的，使用前可以多做比较。

结束语

"鲜花似乎难以打理呀……"对于这种对鲜花还报以敬而远之之心的人士，如果自己从杂货和饰品制作开始，也许会对花产生兴趣呢！

"喜欢养花，但是完全没有亲手做过东西呀……"有这种担心的人士可以试着做一做，也许会从中发现制作的乐趣呢！

人造花可以成为很多东西的媒介。

无论谁都可以简单地使用人造花，自由发挥想象力，使花更加接近我们的生活。

"这里如果摆上花就好了！"

请用心去发现吧！

中川 窗加

作 者 简 介

中川窗加

在大型和服企业工作后，进入花的世界学习花的设计。现在在鲜花、人造花、保鲜花等相关的礼品、婚礼、仪式设计方面都广受好评的"花之工坊·彩花"任讲师，主要负责预定商品和杂志登载等方面作品的设计、制作。同时任公益社团法人日本鲜花设计协会讲师及保鲜花艺术协会讲师。在各种比赛中多次获奖。

★感谢李文彬、李武熙对本书翻译工作的帮助和支持。

图书在版编目(CIP)数据

爱上人造花·应用宝典 / (日) 中川窗加著；王立波译. −武汉：华中科技大学出版社，2016.5
（趣味园艺）
ISBN 978−7−5680−1572−1

Ⅰ．①爱⋯ Ⅱ．①中⋯ ②王⋯ Ⅲ．①手工艺品−制作 Ⅳ．①TS973.5

中国版本图书馆CIP数据核字(2016)第040683号

Artificial Flower Kiso Lesson
Copyright © Madoka Nakagawa 2014
All rights reserved.
First original Japanese edition published by Seibundo Shinkosha Publishing Co.,Ltd.
Chinese (in simplified character only) translation rights arranged with Seibundo Shinkosha Publishing Co.,Ltd., Japan.
through CREEK & RIVER Co.,Ltd. and CREEK & RIVER SHANGHAI Co.,Ltd.
简体中文版由诚文堂新光社股份有限公司授权华中科技大学出版社有限责任公司在中华人民共和国境内（香港、澳门和台湾除外）出版、发行。
湖北省版权局著作权合同登记号　图字：17-2016-066号

爱上人造花·应用宝典
AISHANG RENZAOHUA · YINGYONG BAODIAN

（日）中川窗加　著
王立波　译

出版发行：华中科技大学出版社（中国·武汉）

地　　址：武汉市武昌珞喻路1037号（邮编:430074）

出 版 人：阮海洪

责任编辑：刘锐桢　　　　　　　　　　　　　责任监印：秦　英

责任校对：杨　睿　　　　　　　　　　　　　装帧设计：张　靖

印　　刷：天津市光明印务有限公司

开　　本：889 mm×1194 mm　1/16

印　　张：8

字　　数：128千字

版　　次：2016年5月第1版第1次印刷

定　　价：39.00元

投稿热线：(010)64155588−8000
本书若有印装质量问题，请向出版社营销中心调换
全国免费服务热线：400-6679-118 竭诚为您服务
版权所有 侵权必究